Ritler Javier Salvatierra Zambrano

Diseño y Cuantificacion de una Red de Planta Externa con GPON-FTTH

Ritler Javier Salvatierra Zambrano

Diseño y Cuantificacion de una Red de Planta Externa con GPON-FTTH

Despliegue de una Red de Planta Externa mediante la tecnologia GPON-FTTH para brindar servicios Triple Play

Editorial Académica Española

Cover image: www.ingimage.com

Publisher:
Editorial Académica Española
is a trademark of
International Book Market Service Ltd., member of OmniScriptum Publishing Group
17 Meldrum Street, Beau Bassin 71504, Mauritius

Printed at: see last page
ISBN: 978-620-2-13677-8

Dedicatoria

El presente trabajo de Maestría va dedicado a mi Esposa, María Josefa Avellán Zambrano; a mis hijos, César, Melany y Emmita que, con su paciencia y fines de semana sin compartir mucho tiempo con ellos, he logrado finalmente terminar el trabajo de titulación para obtener el grado académico de Magister en Telecomunicaciones.

Salvatierra Zambrano, Ritler Javier

Agradecimientos

A Dios, qué sin su ayuda espiritual no hubiese sido factible culminar con éxito el curso de posgrado en Telecomunicaciones.

Nuevamente, a mi Esposa e Hijos.

A cada uno de los Docentes de la Maestría en Telecomunicaciones, que fueron importantes en la formación de cuarto nivel.

A mi tutor, M. Sc. Edwin Fernando Palacios Meléndez por su apoyo durante todo el proceso del trabajo de titulación.

Al Director de la Maestría en Telecomunicaciones, M. Sc. Manuel Romero Paz por su excelente gestión y buen trato a los que formamos parte de esta promoción de maestrantes en telecomunicaciones.

Salvatierra Zambrano, Ritler Javier

ÍNDICE GENERAL

ÍNDICE DE FIGURAS

Capítulo 2:

Capítulo 3:

ÍNDICE DE TABLAS

Capítulo 2:

Capítulo 3:

Resumen

Para desarrollar el presente trabajo de titulación se toma en consideración que la mayoría de proveedores de servicios de telefonía, TV o VoD y datos (internet) utilizan diversos medios de transmisión y otros utilizan redes hibridas de fibra y coaxial (HFC) para dar servicio triple play, aunque con un reducido ancho de banda. El servicio de telefonía y datos utilizan la tecnología DSL a través de cables de una red de telefonía fija (CNT EP), y dos empresas privadas utilizan redes HFC. Mientras que los sistemas de TV son transmitidos por Satélite comúnmente conocidos como DTH, las empresas DIRECTV, Claro TV y TV Cable proporcionan este servicio en sitios donde no llegan la infraestructura de redes HFC. Aunque las redes GPON trabajan con fibra hasta el hogar (FTTH) pero transmiten solo datos, la intención del proyecto de titulación es diseñar y cuantificar el despliegue de una red de planta externa mediante la tecnología GPON-FTTH para proveer servicios de triple play en la etapa 1 de la Ciudadela Huancavilca Norte.

Palabras Clave: FIBRA ÓPTICA, REDES ÓPTICAS PASIVAS, REDES ÓPTICAS ACTIVAS, FTTX, FTTH, TRIPLE PLAY.

Capítulo 1: Generalidades del proyecto de grado.

El presente capítulo se expresan las generalidades del trabajo de titulación mediante examen complexivo, en la que se expresa la definición del problema a investigar, objetivos tanto general como específicos, así como la hipótesis y los tipos metodología de investigación utilizada.

1.1. Introducción.

La evolución global de las telecomunicaciones en nuestro país cada vez está llegando con más fuerza. También, debido al rápido crecimiento de los requerimientos de ancho de banda y los cambios de roles en las empresas de redes comunicaciones están causando un cambio abrupto en las empresas de redes de áreas locales. Complacientes al incremento de ancho de banda, aunque es la causa principal que provoca el cambio abrupto, no es el único. Otras causas de cambio incluyen la necesidad de:

a. Conectividad cableada e inalámbrica
b. Soporte de servicios de voz, video y datos
c. Seguridad basada en funciones
d. Reducción de tareas de operaciones de redes intensivas en mano de obra.
e. Implementar soluciones amigables con el medio ambiente.

Los avances en las redes ópticas pasivas de alta capacidad conocida como GPON y utilizando el despliegue de la topología de fibra hasta el hogar (FTTH). La tecnología GPON se utiliza para establecer una infraestructura pasiva que no requiere de energía eléctrica en los nodos intermedio entre los nodos de agregación y de los usuarios.

El costo de actualización es significativo para los proveedores de la red, además, la demanda actual de ancho de banda se aproxima al límite de capacidad de transmisión de tecnologías basadas en cobre, como la línea de abonado digital (DSL) o el módem por cable. Por lo tanto, se insta a los proveedores de red (ISP) a desplegar más y más fibra óptica en la red de acceso para acomodar la demanda de ancho de banda. La red de acceso óptico se puede clasificar como:

a. FTTC,
b. FTTB, y
c. FTTH

Aunque es muy difícil predecir la demanda futura de ancho de banda para los suscriptores, generalmente se acepta que la demanda seguirá aumentando. Como las comunicaciones de vídeo, tales como vídeo por teléfono y vídeo bajo demanda (VOD) se vuelven populares. La señal óptica parcial de la red de acceso como FTTC no será capaz de proporcionar el ancho de banda requerido. Aunque se han propuesto varios tipos de esquemas FTTH, las redes ópticas pasivas (PON) son las más favorables para los operadores de red en términos de mantenimiento y operación.

1.2. Antecedentes.

Las redes hibridas de fibra y coaxial han sido hasta ahora las más utilizadas durante dos décadas por empresas proveedoras de prestación de servicios de TV pagada y en la última década lo que se llamaría el sistema cable modem. Posteriormente, surge la fibra óptica como el mejor medio de transmisión, aunque pasaron muchos años para que el despliegue de anillos de fibra óptica tenga mayor cobertura.

La única empresa de telecomunicaciones que provee internet con ancho de banda sobre una fibra óptica, es la empresa Netlife, que llega al hogar con servicio de internet con diferentes planes, que varían su precio, según las necesidades de los usuarios. Muchos trabajos de investigación han sido publicados en revistas científicas y otros en trabajos de grado en repositorios, en los que modelan y diseñan redes ópticas pasivas (PON) con diferentes aplicaciones.

En el repositorio de la Maestría en Telecomunicaciones de la Universidad Católica de Santiago de Guayaquil, se han encontrado algunos trabajos relacionados a la tecnología de las redes ópticas pasivas de alta capacidad o de capacidad Gigabit, conocido como GPON.

1.3. Definición del problema

Los servicios de voz, video y datos conocidos como Triple Play que se ofertan en la Ciudad de Guayaquil y en específico en la Ciudadela Huancavilca Norte Etapa 1, se lo realiza a través de la tecnología de línea de abonado digital tanto para voz y datos, mientras que para TV se utiliza el sistema de transmisión satelital DTH o también mediante una red híbrida. De acuerdo a lo explicado, surge la necesidad de realizar el diseño y cuantificación para la implementación de una red de planta externa mediante la tecnología GPON-FTTH para brindar servicios Triple Play en la Ciudadela Huancavilca Norte Etapa 1.

1.4. Objetivos

1.4.1. Objetivo General:

Proponer el diseño y cuantificación de implementación de una red de planta externa mediante la tecnología GPON-FTTH para brindar servicios Triple Play en la ciudadela Huancavilca Norte.

1.4.2. Objetivos específicos:

- ✓ Especificar los fundamentos teóricos de las redes de comunicaciones ópticas y tecnologías FTTx.
- ✓ Diseñar el modelo de la red de planta externa para proveer FTTH sobre GPON para la prestación de servicios triple play.
- ✓ Realizar los cálculos de enlace para las redes feeder, distribución y canalización para el despliegue de la nueva red en la ciudadela Huancavilca Norte Etapa 1.

1.5. Hipótesis

¿La implementación de una nueva red de planta externa para proveer servicio de voz, datos y TV (VoD) logrará satisfacer la demanda en la Ciudadela Huancavilca Norte Etapa 1?

1.6. Metodología de investigación.

De acuerdo a Kothari & Garg, (2014) la metodología de investigación existen diferentes tipos básicos de investigación, que a continuación se realiza una comparación entre algunos de ellos.

a) Descriptivo vs Analítico: el propósito principal de la investigación descriptiva es describir el estado actual de las cosas, el mismo utiliza el método ex post facto. La principal característica de este método es que el investigador no tiene control sobre las variables, ya que sólo puede informar lo que ha sucedido o lo que está sucediendo, aunque también incluyen intentos de los investigadores de descubrir causas incluso cuando no pueden controlar las variables. Mientras que la investigación analítica, el investigador tiene que utilizar hechos o información ya disponible, y analizarlos para hacer una evaluación crítica del material.
b) Aplicada vs Fundamental: la investigación puede ser aplicada (acción) o fundamental (básica o pura). La investigación aplicada tiene como objetivo encontrar una solución para un problema inmediato, mientras que la investigación fundamental se ocupa principalmente de las generalizaciones y de la formulación de una teoría. "La recopilación de conocimientos se llama investigación pura o básica". La investigación sobre algún fenómeno natural o relacionado con la matemática pura son ejemplos de investigación fundamental. En general, la investigación aplicada debe descubrir una solución a un problema práctico urgente, mientras que la básica orienta la búsqueda de información de amplias investigaciones.
c) Cuantitativo vs Cualitativo: la investigación cuantitativa se basa en la medición de cantidad, es aplicable a fenómenos que pueden

expresarse en términos de cantidad. La investigación cualitativa, por otra parte, se ocupa del fenómeno cualitativo, es decir, de los fenómenos relacionados o que implican calidad o tipo, por ejemplo, cuando nos interesa investigar las razones de la conducta humana (es decir, por qué la gente piensa o hace ciertas cosas).

La descripción anterior de los tipos de investigación pone de manifiesto que el presente trabajo de titulación mediante examen complexivo utiliza los tipos de investigación, descriptivo, fundamental y cuantitativo. Estos tres tipos de investigación se utilizan para cumplir con los objetivos planteados.

Capítulo 2: Fundamentación teórica de comunicaciones ópticas

Este capítulo se describen los fundamentos teóricos de las comunicaciones ópticas la misma que sustenta el presente trabajo de titulación.

2.1. Introducción al Sistema de FTTH

La aplicación de la tecnología de Redes Ópticas Pasivas *(Passive Optical networks, PON)* para proporcionar conectividad de banda ancha en la red de acceso a las viviendas, unidades de ocupación múltiple, y las pequeñas empresas es comúnmente llamada fibra-to-the-x. Esta solicitud se le dio la designación FTTx. Posteriormente, se compone de una amplia colección de sistemas de transmisión óptica de la topología FTTx, y en concreto el sistema FTTH por el cual el diseño y despliegue de la red propuesta en este proyecto se basa.

En consecuencia, se describirá el funcionamiento general de este tipo de redes, las normas de la arquitectura y la estructura operativa, así como la situación actual en el mundo y los servicios que ofrecen, y en un futuro próximo será capaz de ofrecer. Esto proporcionará una visión general de la tecnología FTTH y en profundidad el conocimiento de las circunstancias particulares de este tipo de redes.

2.2. Redes FTTx.

Las redes FTTH pertenecen a la familia de sistemas de transmisión de FTTx en el mundo de las telecomunicaciones. Estas redes, que se consideran de banda ancha, tienen la capacidad de transportar grandes cantidades de datos y la información a velocidades de bits muy altas, hasta un punto cercano al usuario final. La familia FTTx comprende un conjunto de tecnologías (véase la figura 2.1 las tecnologías más destacadas) basadas en el transporte de las señales digitales a través de fibra óptica como medio de transmisión.

Diferentes niveles de alcance, en función del grado de la fibra óptica más cerca del usuario final, que surgen como resultado de una reducción mayor o menor de estos sistemas de precios. Todas las redes FTTx apoyan una configuración de red lógica de árbol, estrella, bus y el anillo, y todo ello con la posibilidad siempre presente de la utilización de componentes activos en función de la ubicación de los usuarios o clientes finales.

Dependiendo del grado de penetración de FTTx, estas redes se pueden clasificar en las siguientes:

- FTTB, fibra hasta el edificio, se refiere al despliegue de fibra óptica desde un conmutador de oficina central directamente en una empresa.
- FTTC, fibra hasta la acera, se describe la instalación de cables de fibra óptica de equipos de oficina central a un conmutador situado dentro de la comunicación 1000 pies (unos 300 m) de una casa o empresa. El cable coaxial, de par trenzado de cables de cobre (por ejemplo, para DSL), o algún otro medio de transmisión se utiliza para conectar el equipo de la acera a los clientes en un edificio.
- FTTH, fibra hasta el hogar, se refiere al despliegue de fibra óptica desde un conmutador de oficina central directamente en un hogar. La diferencia entre FTTB y FTTH es que, por lo general, las empresas demandan mayores anchos de banda a través de una mayor parte del día que hacer los usuarios domésticos. Como resultado, un proveedor de servicios de red puede recoger más ingresos de redes FTTB y por lo tanto la recuperación de los costes de instalación antes de lo que para las redes FTTH.
- FTTN, fibra hasta el barrio, se refiere a una arquitectura PON en el que los cables de fibra óptica funcionan a menos de 3000 pies (aproximadamente 1 km) de hogares y negocios provistos de la red.

- FTTO, fibra hasta la oficina, es análogo a FTTB en una trayectoria óptica que se proporciona todo el camino hasta las instalaciones de un cliente comercial o corporativo.
- FTTP, fibra hasta el local, se ha convertido en el término predominante de que abarca los diversos conceptos FTTx. Por lo tanto, arquitecturas FTTP incluyen implementaciones de FTTB y FTTH. Una red FTTP puede utilizar las tecnologías BPON, EPON, o GPON.
- FTTU, fibra hasta el usuario, es el término utilizado por Alcatel para describir sus productos para aplicaciones FTTB y FTTH.

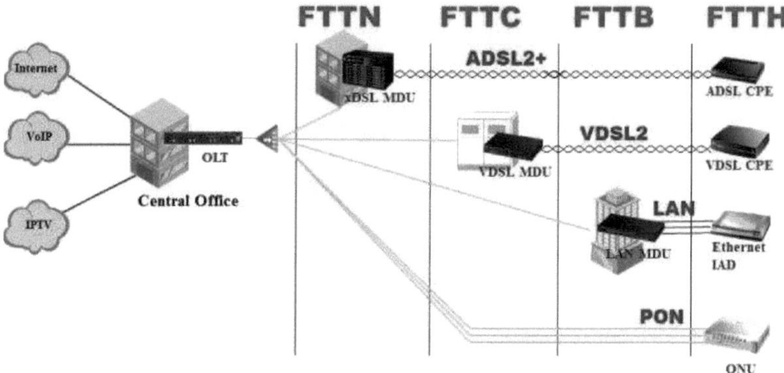

Figura 2. 1: Algunos escenarios FTTx.
Fuente: (Farmer, Lane, Bourg, & Wang, 2016)

El uso de fibra óptica como medio de transmisión a los hogares, y, por lo tanto, a los usuarios finales, asegura la red completamente adaptada a las necesidades tanto actuales como futuras. La reutilización de esta infraestructura física ahorra dinero en el tiempo a pesar del fuerte desembolso en la fase inicial, amortizándolo en un corto período de tiempo.

2.3. Arquitectura general de una red FTTH.

La tecnología FTTH implica la introducción de fibra óptica en la red global, tanto el operador de la red troncal (backbone) como la última milla. Para el caso de la última milla, incluye la fibra desde la oficina central a cada hogar que requiere servicios de datos, voz y video. La interconexión entre el abonado y el nodo final de distribución que se va a proporcionar los servicios se puede realizar a través de diversas configuraciones físicas, las cuales se detallan a continuación.

2.3.1. Configuración punto a punto.

La configuración punto a punto, en términos de fibra óptica, es específicamente un enlace entre el nodo central y el usuario final. Los enlaces punto a punto de transmisión son operados por compañías que tienen acceso a la fibra óptica en plantas externas y que necesitan conectar lugares remotos con cierta capacidad de comunicación, que puede variar de un enlace de voz o de teléfono, hasta el enlace de datos de alta velocidad.

En cuanto a la parte activa de la red se refiere, cabe destacar que el equipo utilizado para la transmisión de información en enlaces punto a punto son PDH o SDH, además de WDM. Estos enlaces tienen una gran capacidad y son muy útiles en el mundo de los negocios. Sin embargo, no todos son beneficiosos. En caso de uso de esta configuración para los usuarios domésticos, tendría un alto costo de implementación, para que todo operador, ya sea de telecomunicaciones o neutra, está dispuesto a abordar.

Además, se rompería el patrón de configuración de la red mundial, debido a las configuraciones de árbol o estrella, que serían desmanteladas, lo que aumentaría el costo de la expansión de la red, así como la operación y mantenimiento.

2.3.2. Configuración punto a multipunto.

La configuración punto a multipunto, en lo que se refiere a la fibra óptica, es en el que se basan las redes FTTH. Normalmente, esta configuración se denomina Red Óptica Pasiva *(Passive Optical Networks, PON)*. La arquitectura basada en redes PONs o redes ópticas pasivas se define como un sistema global desprovista de elementos electrónicos activos en la última milla. Ya que es uno de los puntos más importantes de esta tecnología, que en el capítulo 3 de implementación se verá el funcionamiento de la red de CNT EP.

2.4. Introducción a redes ópticas pasivas

Una red óptica pasiva es una red que por su naturaleza proporciona una variedad de servicios de banda ancha a los usuarios el acceso a través del acceso de fibra óptica. Las redes PON permite la eliminación de todos los componentes activos entre el servidor y el cliente, introduciendo componentes ópticos pasivos para guiar el tráfico a través de la red. Su elemento principal es el divisor óptico.

El uso de la arquitectura pasiva puede reducir los costes y son utilizadas principalmente en las redes FTTH. Por el contrario, el ancho de banda no está dedicado, sino más bien multiplexados en una sola fibra en los puntos de acceso de red. En resumen, se trata de una red de configuración punto a multipunto.

Al pasar de la red al usuario, puede decirse que la arquitectura PON se compone de los siguientes equipos: un terminal de línea óptica *(Optical Line Terminal, OLT)* en la oficina central del proveedor de servicios y una serie de unidades de red óptica *(Optical Network Units, ONU)* o terminales de red óptica *(Optical Network Terminals, ONT)* cerca de los usuarios finales.

2.5. Funcionamiento genérico de una red PON.

Como ya se describió anteriormente en términos generales, una red óptica pasiva funciona siempre bajo transmisión entre un OLT y los diferentes ONTs a través de divisores ópticos, que son multiplexadas o demultiplexadas señales basadas en su origen y destino.

En consecuencia, aparecen tres dispositivos distintos en la red: la OLT, la ONT y el divisor (splitter), cada uno de los cuales tiene una función necesaria y prioritaria en la red óptica pasiva. A continuación, se detallan las funciones y características generales de cada uno de ellas.

2.5.1. Terminal de línea óptica – OLT.

Una OLT se encuentra en una oficina central y controla el flujo bidireccional de información a través de la Red de Distribución Óptica *(Optical Distribution Network, ODN)*. Una OLT debe ser capaz de soportar distancias de transmisión a través de una ODN de hasta 20 km (en la actualidad podría ser más si se utiliza el amplificador EDFA).

En dirección descendente, la función de una OLT es captar el tráfico de voz, datos y tráfico de vídeo de una red de larga distancia y transmitirlo difundirlo a todos los módulos de la ONT en la ODN. En la dirección inversa (ascendente - upstream), la OLT acepta y distribuye todo el tráfico de los usuarios de la red.

La transmisión simultánea de tipos de servicio separados en la misma fibra en la ODN se habilita usando diferentes longitudes de onda para cada dirección. Para las transmisiones descendentes (downstream), una PON utiliza una longitud de onda de 1490 nm para el tráfico combinado de voz y datos; y una longitud de onda de 1550 nm para la distribución de vídeo. El tráfico ascendente de voz y datos utilizan una longitud de onda de 1310 nm.

Cada OLT tiene la tarea de evitar la interferencia entre los contenidos del enlace descendente y del canal de enlace ascendente, utilizando dos longitudes de onda diferentes superpuestas. Para esto, se utilizan técnicas de multiplexación, tal como, la multiplexación por división de longitud de onda *(Wavelength Division Multiplexing, WDM)*, y se basan en el uso de filtros ópticos.

También se requiere una medición de potencia óptica en la OLT para asegurar que se suministre suficiente potencia a los ONTs. Esto debe hacerse durante la activación inicial porque no se puede repetir sin interrumpir el servicio para toda la red una vez que la red se ha conectado. En la figura 2.2 se muestra el equipo físico de una OLT.

Figura 2. 2: Equipo de terminal de línea óptico - OLT.
Fuente: Al-Quzwini, M. (2014)

Por último, cabe destacar que la OLT no emite la misma cantidad de luz en absoluto en todos los ONTs, pero depende de la distancia que hay de la planta. Por lo tanto, un usuario cercano a la central necesita menos energía, mientras que un usuario remoto necesitará una potencia mayor.

2.5.2. Terminal de red óptica – ONT.

Una ONT está situado directamente en las instalaciones del cliente. Su propósito es proporcionar una conexión óptica a la PON en sentido ascendente (upstream) y para conectar eléctricamente al equipo del cliente en el otro lado. Dependiendo de los requisitos de comunicación del cliente o de bloques de los usuarios, la ONT normalmente soporta una combinación de servicios de telecomunicaciones, incluyendo varias tasas de Ethernet, T1 o E1 (1,544 o 2,048 Mbps) y conexiones telefónicas DS3 o E3 (44,736 o

34,368 Mbps), interfaces ATM (155 Mbps), y formatos de vídeo tanto digitales como analógicos.

Una amplia variedad de diseños funcionales de una ONT y configuraciones están disponibles para dar cabida a las necesidades de los diversos niveles de demanda. El tamaño de una ONT puede variar desde una simple caja que puede ser instalado en el exterior de una casa hasta una unidad bastante sofisticado montada en un estante electrónico interior (rack estándar) para su uso en grandes aplicaciones MDU o MTU, tales como complejos apartamentos o edificios de oficinas.

Al final el alto rendimiento, una ONT puede agregar, preparar y transportar diversos tipos de tráfico de información procedentes del sitio del usuario y enviarla ascendentemente sobre una infraestructura PON de fibra única. El término preparación, significa que el equipo de conmutación mira dentro de un flujo de datos multiplexado por división de tiempo, identificando los destinos de los canales multiplexados individualmente, y luego se reorganiza los canales para que puedan ser entregados eficientemente a sus destinos.

En resumen, podemos decir que las ONTs, son elementos capaces de filtrar la información asociada con un usuario particular de la OLT. También tienen la función de encapsular la información de un usuario y enviarla hacia el encabezado de una OLT para redirigirla a la red apropiada. Cada ONT recibe todas las señales enviadas por su correspondiente cabecera ONT, al igual que el resto de la ONT de la misma etapa. La información de la OLT se transmite por multiplexación por división de tiempo *(Time Division Multiplexing, TDM)* de difusión, y alcanza a todos los ONTs por igual. Sin embargo, la ONT tiene la tarea de filtrar la información que sólo va dirigida a sí mismo (a un intervalo de tiempo dado).

En la figura 2.3 se muestra gráficamente la operación del proceso de la multiplexación por división de tiempo (TDM).

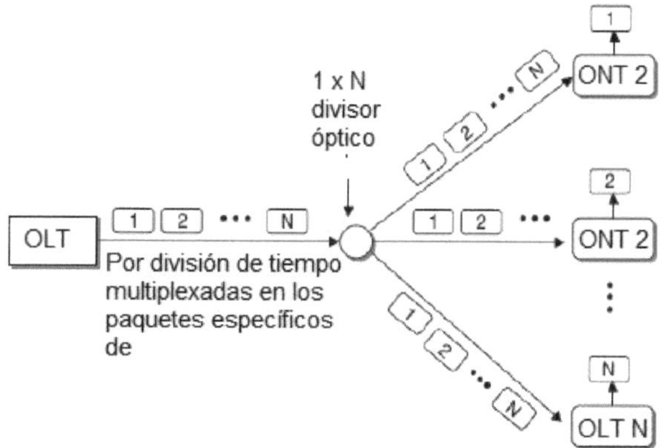

Figura 2. 3: Funcionamiento del proceso de la multiplexación por división de tiempo.
Fuente: Al-Quzwini, M. (2014)

2.5.3. Divisores ópticos.

Los divisores ópticos o splitters, son divisores de potencia pasivas que permiten la comunicación entre una OLT y sus respectivas ONTs. Sin embargo, no sólo se dedican a multiplexar o demultiplexar señales, sino también combinar la potencia: son dispositivos bidireccionales de distribución óptica con una entrada y múltiples salidas:

- La señal que entra desde el puerto de entrada (enlace descendente), procede de la OLT y se divide entre múltiples puertos de salida.
- Las señales que entran desde las salidas (enlace ascendente), provienen de la ONT y se combinan en la entrada.

El hecho de ser elementos completamente pasivos, se les permite operar sin energía externa, reduciendo su coste de implementación o despliegue, operación y mantenimiento. Simplemente introducen una pérdida de potencia óptica en las señales de comunicación, que son inherentes en la naturaleza.

Es común conocer la relación matemática inversa entre las pérdidas introducidas por el divisor (splitter) y el número de salidas del mismo, siendo esta ecuación:

$$A_{splitter} = 10 \log\left(\frac{1}{N}\right)$$

Por lo tanto, un divisor de dos salidas, en el peor de los casos, pierde 3 dB (a media potencia) en cada salida. Gráficamente, se puede expresar la operación de un divisor óptico tal como se muestra en la figura 2.4.

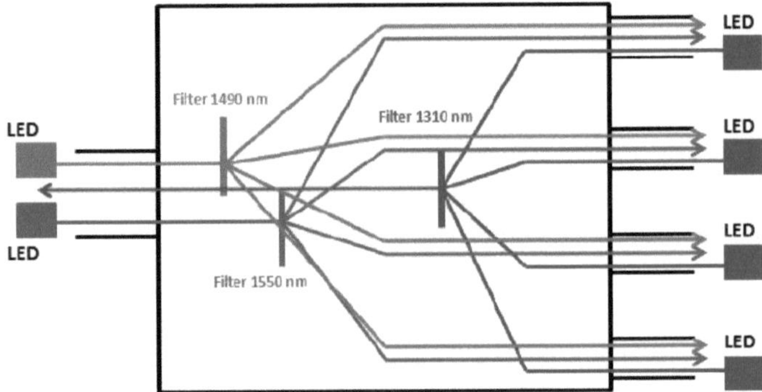

Figura 2. 4: Funcionamiento genérico de un splitter o divisor óptico.
Fuente: Al-Quzwini, M. (2014)

Hay varios tipos de divisores, ya que no todos están construidos con la misma tecnología. Sin embargo, los divisores ópticos comunes son de dos tipos para: **(a)** los dispositivos con gran número de salidas (>32 salidas) se utilizan divisores ópticos basados en tecnología planar, y **(b)** los dispositivos con un menor número de salidas (<32 salidas) se utilizan divisores basado en acopladores bi-cónicos fusionados.

2.5.4. Descripción del funcionamiento de redes ópticas pasivas.

Una vez detallados todos los elementos que construyen una red PON, es necesario saber cómo funciona el sistema global y el comportamiento de la red con todos los elementos interconectados, desde la cabecera OLT hacia los usuarios ONTs, y viceversa. Lo más importante a destacar en la operación genérica de la red es la existencia de dos canales, uno ascendente y otro descendente. Sin embargo, ambos generalmente funcionan a través del mismo cable físico, de manera que se asignen diferentes longitudes de onda a cada canal de transmisión y, dependiendo del tráfico, coexisten en la misma fibra de al menos 3 longitudes de onda diferentes: una para el flujo de vídeo en el canal upstream, y dos para los flujos de datos de enlace upstream y downstream, respectivamente.

En las siguientes sub-secciones, se van analizar con más detalle los dos canales de transmisión comunes en las redes ópticas pasivas.

2.5.4.1. Canal descendente o downstream.

El canal descendente es la dirección de la información desde el operador OLT hasta la ONT situado en el usuario final. En esta red, la PON se comporta como una red punto a multipunto. La OLT incluye un montón de tramas de voz y datos agregados que van hacia la PON, a través de la P-OLT (voz y datos) y la V-OLT (vídeo). Las tramas recogidas por estos equipos se transforman en señales que se inyectan en las diferentes ramas de los usuarios.

Estas ramas están formadas por una o dos fibras que transportan señales uni o bidireccionales, y se acoplan pasivamente mediante divisores ópticos que permiten la unión de toda la ONT en la red, sin regeneración intermedia de señales (evitando elementos activos). Estos divisores son responsables de recibir información de la OLT y enviar toda la información a todas sus salidas. Una vez que la información llega a las ONTs, cada uno sólo podrá procesar el tráfico al que pertenece, o para el que tenga acceso por parte del operador, gracias a las técnicas de seguridad de cifrado avanzado estándar *(Advanced Encryption Standard, AES).*

En este procedimiento, se utiliza el protocolo de difusión de multiplexación por división de tiempo (TDM) enviando información a cada usuario en diferentes momentos. La OLT tiene diferentes intervalos de tiempo preestablecidos, cada uno de ellos correspondía a un usuario en particular. Así, en función de cada segmento temporal, la ONT de cada usuario filtra la información que se le ha direccionado. Un aspecto importante a considerar es la longitud de onda (λ) que la OLT transmite información a la ONT. Estas longitudes varían de acuerdo a si una rama de árbol o conexión ONT tiene una sola fibra o dos fibras.

2.5.4.2. Canal ascendente – upstream.

El canal ascendente es la dirección de la información desde el usuario final ONT al operador OLT. La red PON se comporta como transmisión punto a punto, en la cual cada ONT incluye tramas adicionales de voz y datos (a partir de cada usuario) que se dirigen hacia la OLT. En este punto, la ONT realiza la misma operación que la OLT en el canal descendente, es decir, convierte las tramas en señales de inyección a través de fibra óptica que se han dedicado al usuario.

Los divisores de cada etapa son los encargados de recoger la información de todos los ONTs correspondientes y multiplexar en una única fibra de salida hacia el operador OLT. Con la finalidad de transmitir información desde diferentes ONTs en el mismo canal, es necesario (como en el enlace descendente) el uso del acceso múltiple por división de tiempo *(Time Division Multiple Access, TDMA)*, de manera que cada ONT envía la información en diferentes intervalos de tiempo controlados por la OLT.

En cuanto a las longitudes de onda de trabajo, hay que destacar, que independientemente de si la conexión de la ONT al divisor es de dos o una sola fibra óptica, la longitud de onda de trabajo del canal ascendente es siempre la misma. La información enviada por el usuario (voz y/o datos), siempre viajan a una longitud de onda de $\lambda_D = 1310nm$.

2.6. Ventajas y desventajas de redes ópticas pasivas.

Para entender por qué la arquitectura FTTx se basa en redes PON, es necesario hacer una comparación directa entre redes: **(a)** punto a punto (P2P), **(b)** pasivas punto a multipunto (PON), y **(c)** activas de punto a multipunto (AON). A continuación, se muestra la tabla 2.1 comparativa de las ventajas y desventajas de cada uno de los tres tipos de configuración de la red ya mencionadas, que justifican claramente el uso de redes FTTx PON en comparación con otras configuraciones.

Tabla 2. 1: Cuadro comparativo de los diferentes tipos de redes

Tipo de red	Aspectos positivos	Aspectos negativos
P2P	• Alta capacidad	• Alto costo de implementación
AON	• Alta capacidad	• Alto costo de implementación • Alto costo de operación y mantenimiento
PON	• Alta capacidad • Uso de elementos pasivos (Menor inversión) • Bajo costo de operación y mantenimiento • Flexibilidad y escalable • Todos los servicios en una fibra • Normalización de la UIT G.983.3	• Métodos de protección necesarias contra sabotajes • Alto impacto en averías en centrales OLT

Fuente: Al-Quzwini, M. (2014)

Como se muestra en la tabla 2.1, PON es la más apropiada para el diseño de la arquitectura de red física para los despliegues de FTTx. El hecho de contar con líneas dedicadas específicamente para el usuario hacia a la oficina central (donde está la OLT), reduce considerablemente el costo de la implementación inicial de la red. Esto no está cubierto por las redes de punto a punto, que a pesar de que proporciona un alto ancho de banda por usuario, no vale la pena su alto costo de la implementación.

En cuanto a las redes activas, la inclusión de elementos activos aumenta no sólo el costo de la implementación de la propia red, sino también la operación y mantenimiento de la misma, lo que obliga a gestionar y centralizar por software y nivel de hardware. Las PONs reducen estos costos innecesarios. Finalmente, podemos concluir que el uso de arquitecturas PON significa ventajas muy importantes al momento de diseñar, instalar y posterior mantenimiento de la red.

2.6.1. Ventajas de las redes ópticas pasivas.

En el trabajo realizado por Hoyos M., (2016) indica que muchas de las propiedades de redes óptica pasivas se dan por el uso de la fibra, y por supuesto, de los elementos pasivos que componen la red, lo que sumado a la configuración específica estrella o árbol le dan ciertas ventajas sobre otras topologías. Esto le da a la PON, sin duda, dos ventajas importantes, que son: **(a)** ahorro de costos en la implementación, y **(b)** capacidad y ancho de banda de las redes ópticas pasivas.

Sin embargo, estas ventajas no son las únicas, y entre otras, las más relevantes son las siguientes:

- Una red óptica pasiva permite mayores distancias entre las oficinas centrales e instalación del cliente. Mientras que con la línea de abonado digital *(Digital Subscriber Line, DSL)* la distancia máxima entre la oficina central y el cliente es sólo de 18000 pies (aproximadamente 5,5 km), un bucle local de PON puede funcionar a distancias superiores de 20 km.
- Existe la posibilidad de proporcionar cada fuente de información en una longitud de onda diferente, evitando la mezcla de señales entre sí, y facilitando la difusión desde las OLTs a las diferentes fuentes ONTs.

Por lo tanto, las señales de voz y datos son gestionados por la llamada P-OLT, que opera en longitudes de onda de la segunda ventana, y las señales de vídeo en la difusión gestionadas por la denominada V-OLT, que operan en longitudes de onda de la tercera ventana. Este hecho da escalabilidad para sistemas de transmisión de PONs, dada la variedad de longitudes de onda a utilizar para la misma por CWDM / DWDM.

- A esto, se agrega el coste reducido del despliegue de la red en la planta externa. El uso de elementos pasivos en la red supone un menor costo de implementación. Por un lado, reduce el costo de instalación de los elementos activos, y por otro lado el costo del propio elemento pasivo, que es mucho menor.
- La instalación de redes ópticas pasivas de estos elementos es mucho más económica, y evita los costos de operación y mantenimiento, como la ausencia de caídas o mantenimiento de los alimentadores de red.
- Por último, hay que destacar que el gran ancho de banda permitido por los sistemas basados en arquitecturas PON pueden alcanzar la velocidad de 10 Gbps hasta el usuario. La necesidad de aumentar el ancho de banda y la velocidad es hoy en día sólo otra justificación para el uso de PONs. Este es un soporte esencial para servicios tales como vídeo de alta definición (HD), y los servicios llamados "bajo demanda".

2.6.2. Desventajas de redes ópticas pasivas.

A pesar de las muchas ventajas que tienen las redes ópticas pasivas, de poseer configuración intrínseca, hay algunas desventajas asociadas con ella. Sin embargo, no son lo suficientemente importantes como para evitar la elección de PON como la mejor configuración posible. Una de las primeras desventajas a considerar es la causada por la distribución de la información de la OLT a las diferentes ONTs. El hecho de que un divisor distribuya información desde la OLT a todas las ONTs que están conectados a la misma etapa o a una misma distribución de árbol, que causa una reducción en la eficiencia de la red.

La capacidad total se divide en muchos ONTs conectados al divisor, de modo que la eficiencia del canal es menor que en un enlace punto a multipunto. Además, debido a que una PON tiene una velocidad preestablecida, se ve obligado a trabajar a esa velocidad, pero proporcionar diferentes velocidades para el servicio al cliente. Por ejemplo, una ONT proporciona 100 Mbps al cliente, para lo cual requieren trabajar a velocidades más altas, como: 1,25 Gbps o 2,5 Gbps.

Por otra parte, el hecho de que toda la información fluya a través del mismo canal físico aumenta la probabilidad de la inhalación en la red, la pérdida de la seguridad, y obligando a establecer un alto nivel de cifrado. En cuanto a la seguridad, la arquitectura PON es sensible al sabotaje externo. Este problema viene dado por la naturaleza del medio de transmisión en sí. La inyección de luz constante a una determinada longitud de onda enmascara toda la comunicación y el servicio tiende a caer.

Otro aspecto importante es el hecho de que una distribución de árbol, depende exclusivamente de un único OLT. Un fallo en la cabecera OLT supone un alto impacto en la red, ya que todos las ONTs y divisores conectados a él se ven afectados. Sin embargo, la instalación de unos pocos OLT supone una reducción del coste de despliegue de red lo suficientemente considerable.

Las ONTs de redes ópticas pasivas son bastante sensibles a las caídas de nivel, y en muchos casos, el presupuesto de potencia de la red es bastante limitada. Este presupuesto está directamente relacionado con:

- **Capacidad de los divisores:** un mayor número de usuarios, menor potencia para llegar a todos, desde la OLT.
- **Distancia máxima conseguida:** cuanto mayor sea la distancia entre la OLT y los usuarios finales, menor potencia alcanzará los ONTs correspondientes.

Sin embargo, a pesar de las desventajas mencionadas anteriormente, la configuración más ventajosa para el despliegue de FTTx es la red óptica pasiva. Dos de las condiciones más importantes que justifican el uso de esta arquitectura son:

- Los ahorros económicos resultantes de la implementación de redes PON en relación con otras dos configuraciones (punto a punto y de red óptica activa).
- La flexibilidad de la red, que permite el uso de un canal por un gran número de usuarios.

2.7. Tecnologías de redes ópticas pasivas.

Las redes ópticas pasivas son una familia de redes (xPON), cuyo origen se encuentra en una primera red que se define por FSAN, un grupo de 7 operadores de telecomunicaciones, con el objetivo de unificar las especificaciones de acceso de banda ancha a los hogares. A continuación, las siguientes secciones describen la evolución de las normas de redes ópticas pasivas desde su creación.

2.7.1. Tecnología APON.

Fue la primera red que fue definida por la red de accesos a servicios completos *(Full Service Access Network, FSAN)*. La tecnología APON basa su transmisión descendente en ráfagas de celdas del modo de transferencia asíncrona *(Asynchronous Transfer Mode, ATM)* con una velocidad máxima de 155 Mbps compartidos entre los ONTs que están conectados. Su problema inicial fue la limitación de 155 Mbps que luego se incrementó hasta 622 Mbps.

En cada celda ATM se introducen dos células más (PLOAM), responsable de indicar el destinatario de cada celda y del mantenimiento. Estas redes se denominan Redes Ópticas Pasivas ATM *(Atm Passive*

Optical Network, APON), y están estandarizados bajo UIT-T G.983.1 estándar.

2.7.2. Tecnología BPON.

Bajo el mismo estándar UIT-T G.983.x (ed. 2005), también surgió la llamada Red Óptica Pasiva de banda ancha *(Broadband Passive Optical Network, BPON)*. Surge como evolución de la red APON, dada la limitación en velocidad del mismo. Las redes BPON, también se basan en la transmisión de celdas ATM, pero a diferencia de APON, es que puede soportar otros estándares de banda ancha.

En su primera versión, las redes BPON se definieron bajo una tasa fija de transmisión de 155 Mbps para enlaces ascendentes y descendentes. Sin embargo, más tarde fue modificado para admitir canales asimétricos, que son: **(a)** enlace descendente a 622 Mbps, y **(b)** enlace ascendente a 155 Mbps.

Sin embargo, a pesar de las mejoras sobre APON, tenían un alto costo de implementación, así como diversas limitaciones técnicas. Por lo tanto, se ha estado moviendo lentamente para resolver los problemas planteados por esta tecnología, que hoy permite velocidades asimétricas de hasta 1,2 Gbps tal como se muestra en la tabla 2.2.

Tabla 2. 2: Combinaciones de velocidades downstream y upstream en redes BPON.

Descendente (Downstream)	Ascendente (upstream)
155 Mbps	155 Mbps
622 Mbps	155 Mbps
622 Mbps	622 Mbps
1,244 Gbps	155 Mbps
1,244 Gbps	622 Mbps

Fuente: Al-Quzwini, M. (2014)

Por otro lado, aparte de soportar diferentes velocidades de transmisión que permite enviar toda la información (ascendente y descendente) usando 1 o 2 fibras monomodo (como ITU-T G.652 estándar), con un alcance máximo de 20 km entre el divisor óptico y las ONTs, y entre los ONTs de la misma etapa.

Las longitudes de onda de trabajo que establece el estándar BPON, varían dependiendo de si se utiliza 1 o 2 fibras para cada ONT, aunque para ambos conjuntos una longitud de onda dedicada a la transmisión de video desde la OLT hasta la ONT, siendo esta diferente de las utilizadas en la transmisión de voz y datos.

En la figura 2.5 se muestra el plan de asignación de longitudes de onda de trabajo en la fibra, y se clasifican para:

- 1 fibra por ONT, compartiendo enlaces upstream y downstream:
  - canal descendente: $1480\, nm < \lambda < 1500\, nm$
  - canal ascendente: $1260\, nm < \lambda < 1360\, nm$
  - Vídeo: $1550\, nm < \lambda < 1560\, nm$

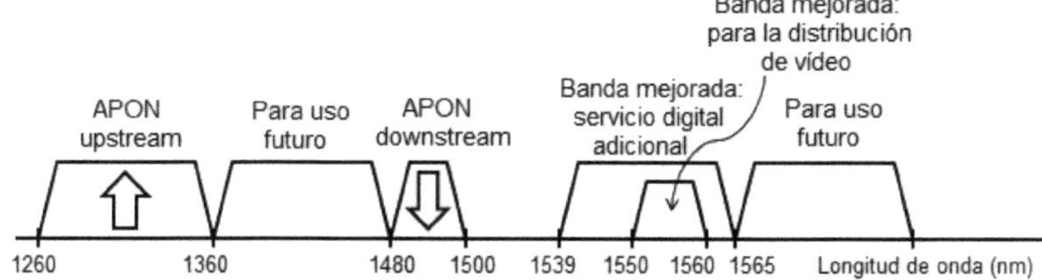

Figura 2. 5: Plan de asignación de longitud de onda de trabajo.
Fuente: Kumar, A., & Singhal, A. (2013).

- 2 fibras para cada ONT, una para upstream y una para downstream:
  - canal descendente: $1260\, nm < \lambda < 1360\, nm$
  - canal ascendente: $1260\, nm < \lambda < 1360\, nm$
  - Vídeo: $1550\, nm < \lambda < 1560\, nm$

Las redes BPON admiten una relación máxima de 32 divisores por OLT, y cada divisor soporta hasta 64 salidas para los usuarios de la ONT. Esto supone un total de:

$$\text{Clientes}_{MAX} = 32\frac{splitters}{OLT}.64\frac{clientes}{splitter} = 2048\frac{clientes}{OLT}$$

2.7.3. Tecnología EPON.

Paralelamente a la evolución de las redes ópticas pasivas, estandarizado por la UIT y que tienen su origen en la FSAN, en la cual sale una nueva especificación hecha por el grupo de trabajo de EFM (Ethernet en la primera milla), establecido por IEEE. La intención de la FSM en este sentido era tomar ventaja de las características de la tecnología de fibra óptica en PON y aplicarlos a Ethernet. De esta manera, crearon el estándar de redes ópticas pasivas Ethernet *(Ethernet Passive Optical Network, EPON)* bajo la norma IEEE 802.3ah.

La arquitectura EPON se basa en el transporte de tráfico Ethernet, pero manteniendo las características de la especificación IEEE 802.3, y, por lo tanto, dejar de lado la transferencia de celdas ATM, en las que se basan los estándares APON y BPON y encapsula información sobre tramas Ethernet. Esto permite proporcionar EPON las siguientes ventajas sobre los estándares APON y BPON:

- Permite trabajar directamente a velocidades de Gbps, debido a su compatibilidad con Ethernet. Este flujo no es un solo usuario, ya que tiene que ser compartido entre muchos usuarios (ONTs).
- La interconexión entre redes EPON es más simple.
- Algunos de esos costos se reducen debido a la no utilización de elementos ATM y SDH, típicas de las redes anteriores.

En cuanto se refiere a la velocidad de transmisión, EPON establece una línea de velocidad simétrica de 1 Gbps, tanto para los canales descendentes y ascendentes. Esta tecnología también se llama Red Óptica Pasiva Gigabit Ethernet *(Gigabit Ethernet Passive Optical Network, GEPON)* debido a que trabaja a velocidades de Gigabit.

Cabe destacar que la normalización sólo permite la transmisión en sentido descendente y ascendente bajo solamente 1 de fibra monomodo, con una distancia máxima de 10 km entre el divisor y ONT, y entre ONTs de la misma etapa (hay disposición para ampliar la distancia de 20 km en ambos casos).

El estándar EPON establece una longitud de onda dedicada para la transmisión de vídeo desde la OLT a los ONTs como el estándar BPON, siendo éste diferente al utilizado en la transmisión de voz y datos. Las longitudes de onda son:

- canal descendente: $1480\,nm < \lambda < 1500\,nm$
- canal ascendente: $1260\,nm < \lambda < 1360\,nm$
- vídeo: $1550\,nm < \lambda < 1560\,nm$

EPON soporta una relación máxima de 16 divisores por OLT, y cada divisor admite un máximo de 64 salidas a los usuarios de la ONT. Esto trae un total de:

$$\text{Clientes}_{MAX} = 16\frac{splitters}{OLT}.64\frac{clientes}{splitter} = 1024\frac{clientes}{OLT}$$

En este caso, el estándar soporta menos número de usuarios ONTs conectados y en el servicio al mismo OLT, en relación con la norma BPON. Exactamente, la diferencia entre ambos sería:

$$\frac{\text{Clientes}_{\text{BPONmax}}}{\text{Clientes}_{\text{EPONmax}}} = \frac{2.048\ \text{clientes}/_{\text{OLT}}}{1.024\ \text{clientes}/_{\text{OLT}}} = 2\ \text{veces más clientes BPON que EPON}$$

Sin embargo, a pesar del estándar EPON, implica reducir el número de ONTs conectados a la misma OLT, la relación de velocidad se incrementa en la misma proporción considerando a BPON en su configuración básica, como sigue:

$$\frac{\text{Velocidad}_{\text{EPON}}}{\text{Velocidad}_{\text{BPON}}} = \frac{1244 \text{ Mbps}}{622 \text{ Mbps}} = 2 \text{ veces más rápido EPON que BPON}$$

Por último, hay que destacar que a pesar de ser EPON un estándar que permite una mayor velocidad de la que BPON, que no llega a más ya que la distancia máxima entre el OLT y ONT mantiene la siguiente proporción:

$$\frac{\text{Alcance}_{BPON}}{\text{Alcance}_{EPON}} = \frac{20km}{10km} = 2 \text{ veces mayor alcance BPON que EPON}$$

2.7.4. Tecnología GPON.

Hoy en día, el estándar más avanzado en el que se sigue trabajando, es el que nace de la evolución de la BPON. Para trabajar mejor con los cambios en las tecnologías de comunicación y para satisfacer la creciente demanda, la UIT-T creó la serie de estándares UIT-T G.984.x para redes ópticas pasivas con capacidad Gigabit, que eran la base de la norma GPON (Gigabit PON).

GPON permite la transmisión de información encapsulada en dos tecnologías:

- ATM, sólo de requerirlo en el caso del estándar BPON, pero mejorado.
- Ethernet o TDM, utilizando para ello el método de encapsulación GPON (Gpon Encapsulate Method, GEM) basados en el procedimiento de entramado genérico (Generic Framing Procedure, GFP).

Las mejoras que GPON ofrece respetando todas sus normas anteriores es, en general, incrementar el ancho de banda en la transmisión y proporcionar seguridad a la propia red por nivel de protocolo.

Por lo tanto, GPON permite velocidades de transmisión variadas en el rango de entre 622 Mbps (como su predecesor BPON) y 2,488 Gbps en el canal descendente. Al igual que BPON, esta norma permite la transmisión de datos tanto simétrica y asimétrica, donde las tasas de transmisión para cada uno son:

- Transmisión simétrica: flujo de velocidades entre 622 Mbps y 2,488 Gbps para los canales descendentes y ascendentes.
- Transmisión asimétrica: diferentes flujos de velocidades para los canales:
  - descendente: hasta 2.488 Gbps.
  - ascendente: hasta 1.244 Gbps.

El hecho de permitir un ancho de banda muy alto, permite la transmisión de prácticamente cualquier información multimedia y es compatible con cualquier operador de servicio. Por otra parte, dado su soporte de servicio completo (ya sea a través de ATM o sobre Ethernet y TDM), que lo convierte en soporte global multiservicio, tales como:

- Transmisión de voz
- Ethernet 10/100 Base-T
- Servicio ATM
- Líneas arrendadas
- Extensión inalámbrica
- Otras más.

Las longitudes de onda de trabajo que establece el estándar GPON varían dependiendo de si se utiliza 1 o 2 fibras para cada ONT, aunque para ambos conjuntos una longitud de onda dedicada para la transmisión de video desde la OLT a las ONTs, siendo ésta diferente de las utilizadas en la transmisión de voz y datos. Las longitudes de onda son las siguientes:

- Para 1 fibra por ONT, compartida para la transmisión y recepción:
  - canal descendente: $1480\ nm < \lambda < 1500\ nm$
  - canal ascendente: $1260\ nm < \lambda < 1360\ nm$
  - Vídeo: $\lambda = 1550\ nm$

- Para 2 fibras para cada uno en uno, para la transmisión y otro para recepción:
  - canal descendente: λ = 1260-1360 nm
  - canal ascendente: λ = 1260-1360 nm
  - Vídeo: λ = 1550 nm

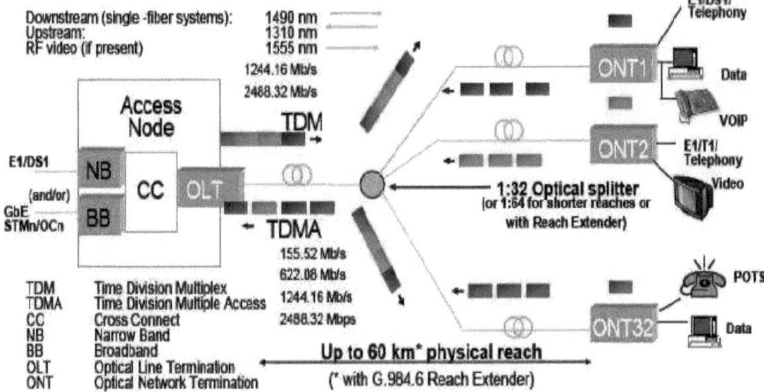

Figura 2. 6: Sistema de acceso de la arquitectura GPON.
Fuente: Kumar, A., & Singhal, A. (2013).

GPON soporta una relación de 128 divisores por OLT, y cada divisor admite un máximo de 64 salidas a los usuarios de ONTs. Esto da un total de:

$$\text{Clientes}_{MAX} = 128\frac{splitters}{OLT}.64\frac{clientes}{splitter} = 8192\frac{clientes}{OLT}$$

Comparativamente, el estándar GPON permite incrementar significativamente el número de unidades conectadas a la misma cabecera OLT. La relación respecto a las normas BPON y EPON respectivamente, es:

$$\frac{\text{Clientes}_{\text{GPONmax}}}{\text{Clientes}_{\text{EPONmax}}} = \frac{8.192\ \text{clientes}/_{\text{OLT}}}{1.024\ \text{clientes}/_{\text{OLT}}} = 8\ \text{veces más clientes GPON que EPON}$$

$$\frac{\text{Clientes}_{\text{GPONmax}}}{\text{Clientes}_{\text{BPONmax}}} = \frac{8.192\ \text{clientes}/_{\text{OLT}}}{2.048\ \text{clientes}/_{\text{OLT}}} = 4\ \text{veces más clientes GPON que BPON}$$

La diferencia, como se puede ver, es notoria entre ellos, lo que sugiere que la tecnología GPON permite minimizar el costo de implementación, ya que se necesita menos cantidad de OLTs instalados para cubrir un área determinada. En cuanto a la tasa de transmisión, GPON también aumenta la velocidad de transferencia de datos, siendo la relación entre los tres estándares de la siguientes:

$$\frac{\text{Velocidad}_{\text{GPON}}}{\text{Velocidad}_{\text{BPON}}} = \frac{2.488 \text{ Mbps}}{622 \text{ Mbps}} = 4 \text{ veces más rápido GPON que BPON}$$

$$\frac{\text{Velocidad}_{\text{GPON}}}{\text{Velocidad}_{\text{EPON}}} = \frac{2.488 \text{ Mbps}}{1.422 \text{ Mbps}} = 2 \text{ veces más rápido GPON que EPON}$$

No sólo puede transferir datos más rápido, sino que también proporciona una mayor fiabilidad ya que tiene un nivel de protocolo de transmisión seguro, la introducción de campos en ATM/Ethernet para esta misión. Por último, hay que destacar el aumento de la distancia entre la cabecera OLT y diferentes tipos de ONTs, que se aumenta en gran medida a la tasa de la siguiente relación:

$$\frac{\text{Alcance}_{GPON}}{\text{Alcance}_{BPON}} = \frac{60km}{20km} = 3 \text{ veces mayor alcance GPON que BPON}$$

$$\frac{\text{Alcance}_{GPON}}{\text{Alcance}_{EPON}} = \frac{60km}{10km} = 6 \text{ veces mayor alcance GPON que EPON}$$

Al concluir la comparación analítica de datos entre algunos estándares y otros, se puede definir el estándar GPON como estándar hasta 4 veces más rápido, permite hasta 6 veces la distancia entre la OLT y ONT, y soporta hasta 8 veces más usuarios que los otros estándares.

Capítulo 3: Diseño del Proyecto.

En el presente capítulo se describe el diseño y cuantificación de la red de planta externa mediante la tecnología GPON – FTTH para ofrecer el servicio Triple Play en la Ciudadela Huancavilca Norte.

3.1. Escenario actual de la red de acceso DSL.

Actualmente, CNT EP oferta servicio de banda ancha (acceso a internet) utilizando la tecnología de red DSL. En la figura 3.1 se muestra la estructura de la topología de acceso para una red básica DSL.

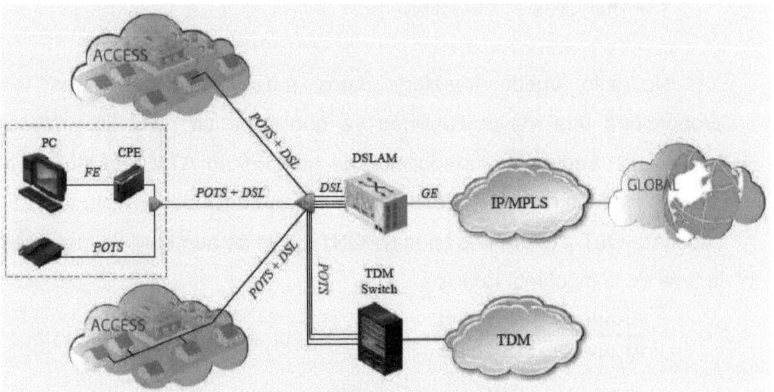

Figura 3. 1: Arquitectura básica de una red DSL.
Fuente: (Lattanzi & Graf, 2016)

En la figura 3.2 se muestra el esquemático de una red DSL para proveer servicio de datos. Se utiliza el modo de transferencia asíncrona <<ATM>> *(Asynchronous Transfer Mode, ATM)* entre el equipo local del cliente <<CEP>> *(Customer Premises Equipment, CEP)* y el multiplexor de línea de acceso al abonado digital <<DSLAM>> *(Digital Subscriber Line Access Multiplexer, DSLAM)*. De manera similar, se utiliza el protocolo de capa 2 (Ethernet) entre el DSLAM y el ruteador de borde <<ER>> *(Edge Router, ER)*.

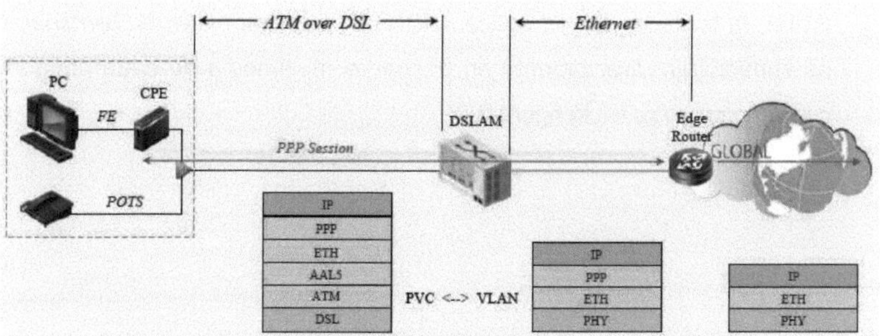

Figura 3. 2: Configuración de conectividad en la tecnología DSL.
Fuente: (Lattanzi & Graf, 2016)

En figura 3.3 se muestra la configuración de una red DSL brindando servicios de TV, banda ancha y telefonía. Aunque, CNT EP no utiliza este tipo de topología. Es decir, que el servicio triple play de CNT EP utiliza la tecnología DSL y TV satelital. De manera general la figura 3.3 sería la red DSL apropiada para brindar el servicio triple play.

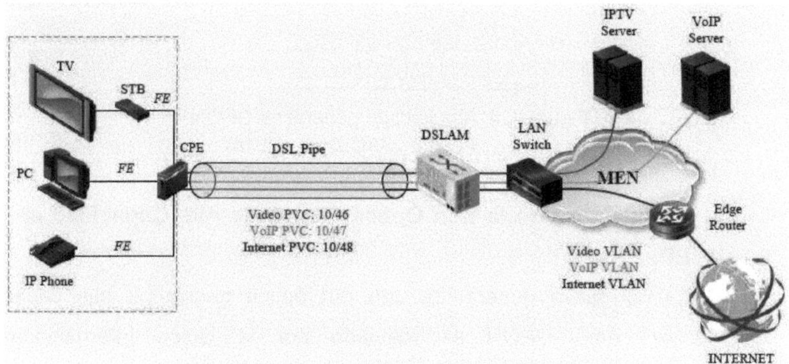

Figura 3. 3: Red DSL para servicios triple play.
Fuente: (Lattanzi & Graf, 2016)

3.2. Arquitectura general de una GPON.

En la solución GPON, el terminal de línea óptico <<OLT>> *(Optical Line Terminal, OLT)* se coloca en la oficina central para proporcionar el modo de acceso GPON; los divisores ópticos (splitters) en la entrada del bloque residencial o cerca de la oficina de gestión del bloque residencial. Para

FTTH, la terminal de red óptica <<ONT>> *(Optical Network Terminal, ONT)* se suministran directamente en el cuadro multimedia de cada abonado, tal como se muestra en la figura 3.4.

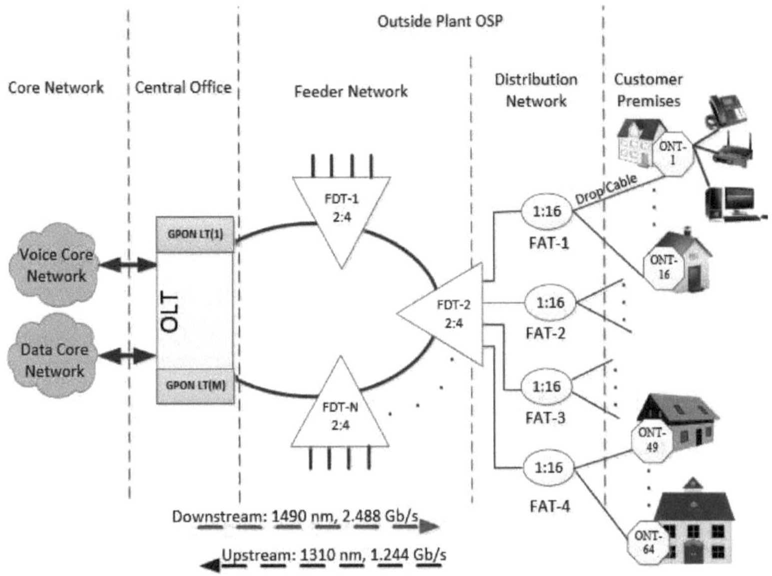

Figura 3. 4: Arquitectura general de GPON - FTTH.
Fuente: (Al-Quzwini, 2014)

3.3. Arquitectura de la Red Óptica Pasiva de Alta Capacidad en CNT EP.

La normativa general de una red óptica pasiva de alta capacidad conocida como GPON es regulada por la Unión Internacional de Telecomunicaciones (UIT). La arquitectura utilizada por CNT EP utiliza los siguientes dispositivos (véase la figura 3.5): **(a)** terminal de línea óptica (OLT), **(b)** armarios de distribución óptica <<ODF>> *(Optical Distribution Frames, ODF)*, **(c)** distribución del alimentador o Feeder (red primaria), **(d)** distribución de armarios, **(e)** caja terminal, **(f)** roseta óptica en la última milla, y **(g)** terminal óptico de red <<ONT>> *(Optical Network Terminal, ONT)*.

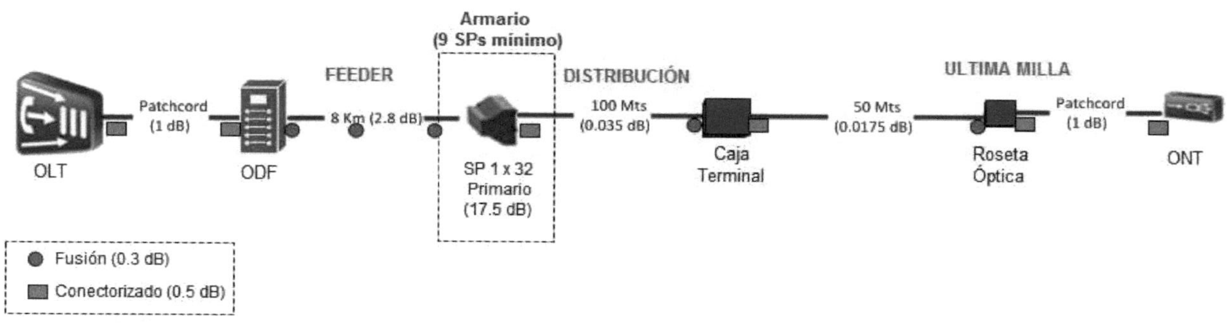

Figura 3. 5: Arquitectura de la red GPON de CNT EP.
Elaborado por: El Autor

3.4. Servicios que brinda la topología Triple Play.

La abreviatura Triple Play, en sí es como la conexión de tres servicios (véase la figura 3.6) que ofrecen la mayoría de los proveedores de servicios de internet *(Internet Service Provider, ISP)* ya sea local o global. El primer servicio, es la transmisión de señal de vídeo o TV, seguido por la transmisión de servicios de voz (telefonía) y el tercero se cierra con la transferencia de datos (banda ancha).

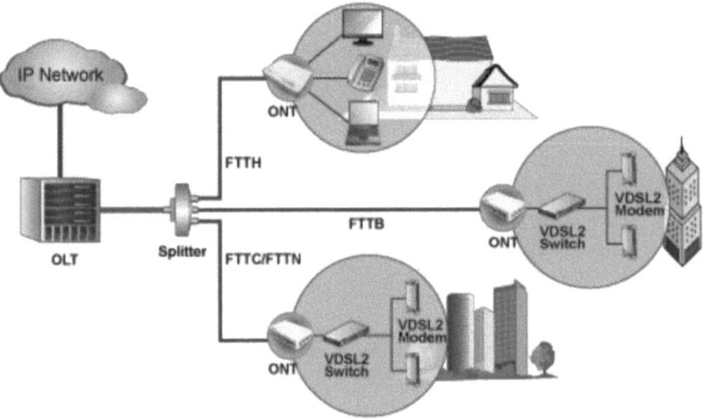

Figura 3. 6: Arquitectura del servicio triple play en redes FTTx.
Fuente: (Gemtek, 2009)

El servicio de prioridad más alta lleva la voz, es imperativo que la comunicación se lleva a cabo en tiempo real. La segunda prioridad más alta es la transmisión de señal de vídeo o TV. El menos significativo a continuación, es la transferencia de datos. No es del todo importante descargar los datos como "posible", pero la transmisión se ha completado.

La velocidad de transferencia de datos depende también de la cantidad de programas vistos de forma simultánea del cliente y en qué resolución trabaja. La transmisión de datos de voz no limita (consumo de ancho de banda es mínimo) el servicio. Con el aumento de la demanda de mayores velocidades de transmisión han comenzado a desarrollar un nuevo suministro. La conexión de datos convencional era "insuficiente" para satisfacer a los clientes. La aparición de nuevos operadores locales, proveedores de servicios de datos, y la creciente competencia, ha provocado una mejor oferta.

CNT EP ofrece servicios de triple play, pero utilizando la tecnología XDLS, aunque también trabaja con fibra hasta el hogar, conocida como FTTH en determinados sectores, ofreciendo un solo servicio, que es la banda ancha para acceso a internet. En la ciudadela Huancavilca Norte se propone el despliegue de la red de planta externa de fibra óptica para brindar mediante la tecnología FTTH los tres servicios (Triple Play) de TV, banda ancha y voz (telefonía).

3.4.1. Solución para servicio de voz.

La solución de servicio de acceso de GPON VoIP, en el lado del usuario la ONT adopta la función incorporada de VoIP, mientras que el servicio de datos se accede directamente a la red IP a través de una OLT. Con el fin de garantizar la calidad de los servicios de voz, el sistema GPON y la capa superior de la red IP deben admitir QoS IP, para realizar la programación con mayor prioridad en el mensaje de voz.

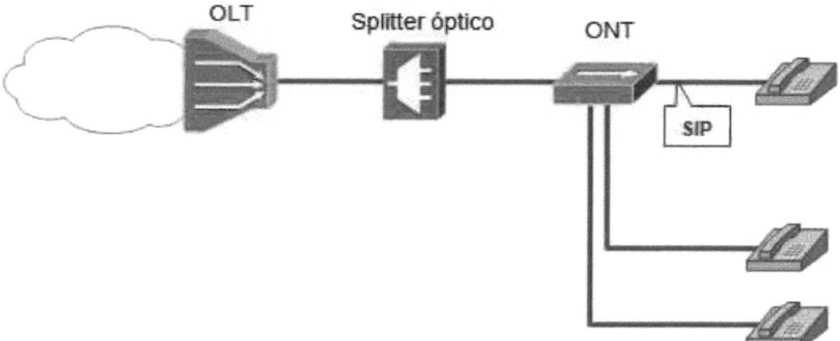

Figura 3. 7: Configuración para la entrega de servicio de voz.
Fuente: Huawei (2012).

En este escenario, la entrega a los clientes de teléfono, se utilizará un simple ONT como se muestra en la figura 3.7. Debe tenerse en cuenta que el mismo cliente puede solicitar 1 (uno) a 20 (veinte) líneas de voz. El protocolo de inicio de sesiones (Session Initiation Protocol, SIP) se utilizará para la entrega de servicio de voz. SIP es un protocolo de control para la creación, modificación y finalización de sesiones multimedia y llamadas telefónicas con uno o más participantes.

Los participantes pueden ser invitados a sesiones tipo unicast y multicast, y su principal objetivo es la comunicación entre dos dispositivos multimedia. Esta comunicación es posible gracias a dos protocolos en el protocolo SIP, que son: protocolo de transporte en tiempo real / protocolo de control de transporte en tiempo real (RTP/ RTCP) y protocolo de descripción de sesión (Session Description Protocol, SDP).

3.4.2. Solución para servicio de voz y datos.

En este escenario, la prestación de servicios de voz y datos, utilizará una ONT con puertos LAN Giga Ethernet, tal como se muestra en la figura 3.8. Las velocidades de entrega son de 5 y 10 Mbps y la ONT se usadas sin comunicación Wi-Fi.

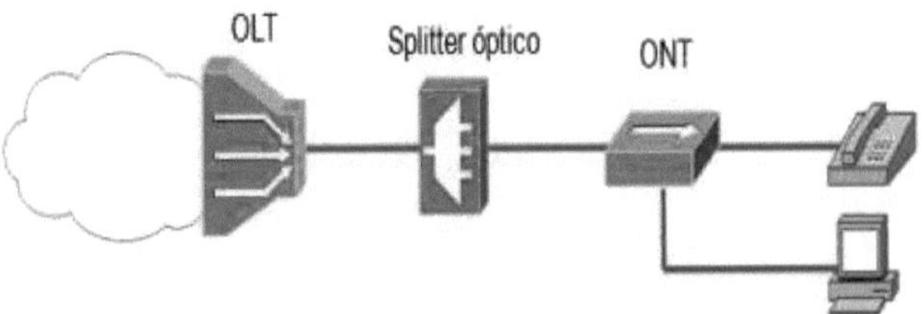

Figura 3. 8: Configuración para la entrega de servicio de voz y datos.
Fuente: Huawei (2012).

En la figura 3.9 se muestra la configuración de la ONT para transmisión de datos a través de Wi-Fi.

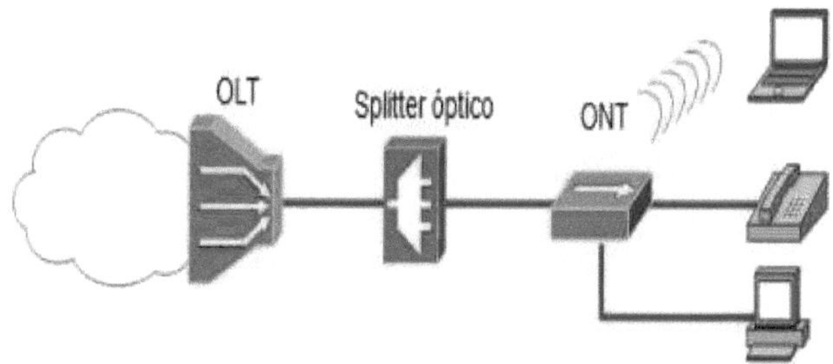

Figura 3. 9: Configuración para la entrega de servicio de voz y datos con Wi-Fi.
Fuente: Huawei (2012).

3.4.3. Solución para servicio de voz, datos y video (TV).

En esta configuración vamos a utilizar un ONT con puerta Giga Ethernet y esto será conectado a un portal de acceso (Home Gateway, HG), tal como se muestra en la figura 3.10. El portal de acceso tomará la gestión de los servicios y características de la ONT para soportar los servicios de triple play (voz, datos y video).

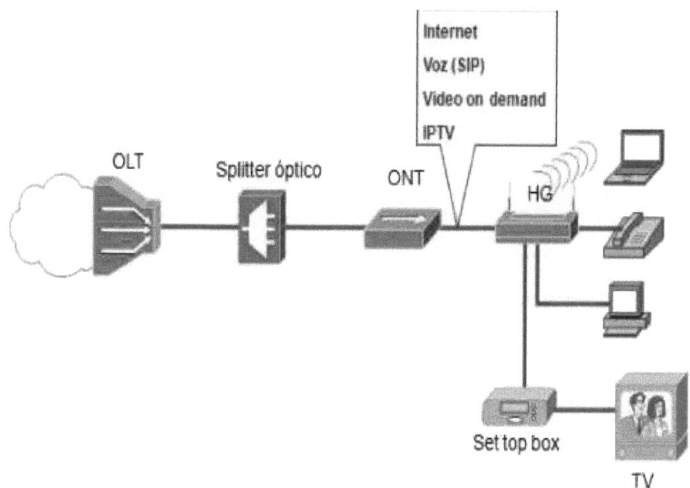

Figura 3. 10: Configuración para la entrega de servicio de voz, datos y vídeo con Wi-Fi.
Fuente: Huawei (2012).

Cada servicio tiene diferentes opciones de paquetes con el fin de satisfacer todas las necesidades y expectativas de cada residente. los costos de mantenimiento de la red no tendrán que pagar, porque ya están incluidos en el precio de cada servicio.

3.5. Diseño de la red de planta externa en Huancavilca Norte.

En la actualidad en el sector de la Ciudadela Huancavilca Norte Etapa 1, CNT EP ofrece dos tipos de servicios de telecomunicaciones, que son: voz e internet, utilizando como medio de transmisión cobre y televisión bajo suscripción DTH también llamado televisión satelital. La empresa CNT EP cuenta con la infraestructura GPON, que es una red flexible de acceso con fibra óptica, capaz de soportar varios servicios comerciales y corporativos, con tasas nominales de dirección descendente (downstream) de 2.4 Gbits y dirección ascendente (upstream) de 1,2 Gbits.

La nueva infraestructura FTTH instalada en la Central de Primavera (véase la figura 3.11), se compone de una terminal de línea óptica (01 OLT) incorporada en 01 rack, 01 rack para el armario de distribución óptica (ODF), disponibilidad de puertos PON 112 y con la finalidad de complementar los equipos de planta interna se realiza el presupuesto para la construcción de la ODN en la localidad en mención. Para tal efecto, en la tabla 3.1 se considera el despliegue de la red FEEDER que en su futuro servirá a la red de distribución para las siguientes urbanizaciones cercanas a la etapa 1 de Huancavilca Norte.

Tabla 3. 1: Despliegue de la red Feeder.

IDENTIFICACION FDH/FDB/MT	NOMBRE PROYECTO
FT02_MT01	CDLA. HUANCAVILCA NORTE ETAPA 1
FT02_PROYECTADO	CDLA. VERGELES, CDLA. ORQUIDEAS, SECTOR MUCHO LOTE 1

Elaborado por: Autor.

El propósito del proyecto, es atender la demanda insatisfecha y mejora de los servicios de telecomunicaciones al sector de la Ciudadela Huancavilca Norte Etapa 1 mediante, la construcción de la red GPON FTTH, logrando así captar el mercado desatendido y optimizar los servicios que brinda CNT E.P.

Por medio del presente proyecto se requiere construir-ejecutar, una red de distribución óptica <<ODN>> *(Optical Distribution Network, ODN)* con el tendido de cable canalizado de 12 fibras ópticas monomodo (tipo G652.D) y cable aéreo de 96, 48 y 12 fibras ópticas monomodo (tipo G652.D), con el metraje que se detalla a continuación:

- Fibra (ducto) 12 hilos de 0.453 km de extensión.
- Fibra (aérea) 96 hilos de 0.422 km de extensión.
- Fibra (aérea) 48 hilos de 0.150 km de extensión.
- Fibra (aérea) 12 hilos de 0.480 km de extensión.

En base a la información proporcionada se procede a realizar el diseño bajo las siguientes consideraciones técnicas:

- Utilizar toda la infraestructura existente, es decir canalización y pozos existentes, el FEEDER debe instalarse en canalización.
- Se considera para el feeder troncal, cables de fibra óptica de 288 o 144 hilos.
- Se mantendrá el concepto de sangrado de fibra tanto en la Red Feeder como en la distribución para alimentar FDH/FDB y NAP's. Es decir, solo se fusionará los hilos correspondientes a los elementos pasivos y los restantes hilos de fibra óptica no deben ser afectados.

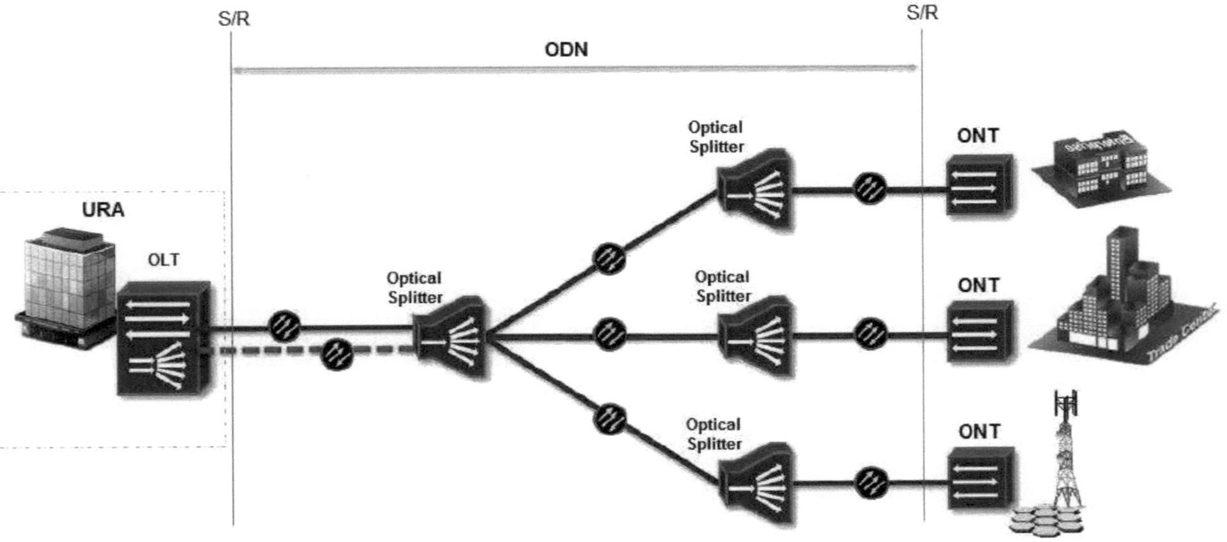

Figura 3. 11: Modelo general de la red de óptica pasiva en CNT EP.
Elaborado por: El Autor

* Se diseña para un presupuesto óptico máximo de 25 dB.

3.5.1. Propuesta técnica del diseño de la red de distribución óptica.

Para el diseño de la ODN se respeta las normativas de CNT EP en relación a la instalación de nuevas redes FTTH en las que se aprovecha el uso de la infraestructura GPON. Para el despliegue de la ODN en este sector (Huancavilca Norte Etapa 1) se diseña en base al modelo de clientes masivos en hogares y de clientes masivos en edificios de CNT E.P. En la figura 3.12 se muestra el esquemático de la red de CNT EP para servicios triple play tanto en masivos hogares y masivos edificios.

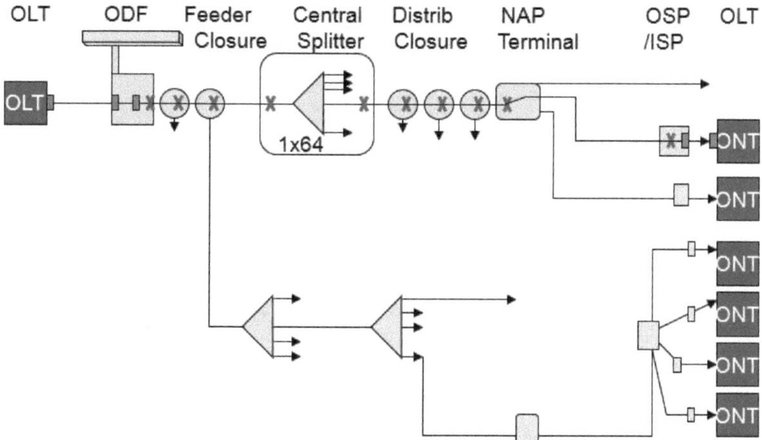

Figura 3. 12: Esquemático para calcular el presupuesto óptico.
Elaborado por: El Autor

De acuerdo al esquema propuesto de la figura 3.12 se realiza el presupuesto real de la red FTTH para la ciudadela Huancavilca Norte Etapa 1, tal como se ilustra en la figura 3.13. Mientras, que en la tabla 3.2 se muestran los valores correspondientes a las atenuaciones que existen en cada elemento de la red.

z

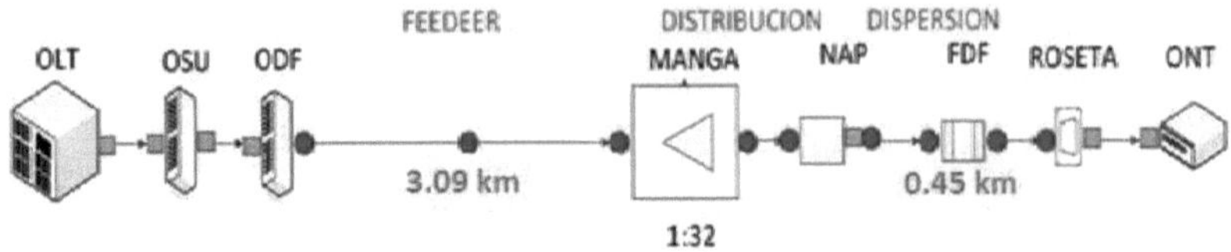

MASIVOS EDIFICIOS (SPLITTER CONECTORIZADO)

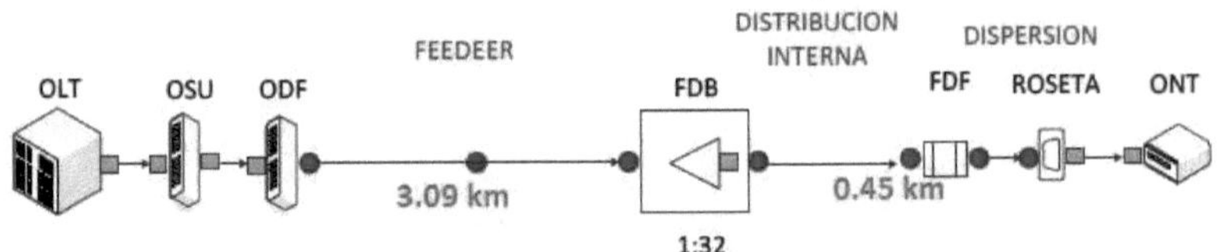

Figura 3. 13: Cálculo del presupuesto óptico de la red FTTH en Huancavilca Norte Etapa 1.

Elaborado por: El Autor

Tabla 3. 2: Parámetros de atenuación de GPON.

Elementos de la Red de Fibra Óptica		Cantidad	Pérdida de elemento Típica (dB)	Pérdida total (dB)
Conectores (mated) ITU671=0.5dB		7	0,50	3,50
Empalmes de fusión ITU751=0.1db (promedio)		9	0,10	0,90
Empalmes mecánicos ITU 751=0.1dB (promedio)			0,20	0,00
Divisores ópticos (Optical Splitters)	1x2		3,50	0,00
	1x4		7,00	0,00
	1x8		10,50	0,00
	1x16		14,00	0,00
	1x32	1	17,50	17,50
	1x64		21,00	0,00
	2X4		7,90	0,00
	2X8		11,50	0,00
	2X16		14,80	0,00
	2X32		18,50	0,00
	2X64		21,30	0,00
Fibras - Longitudes de Onda	1310nm	3,5454	0,35	1,24
	1490nm		0,30	0,00
	1550nm		0,25	0,00
GRAN TOTAL (dB)				**23,14**

Elaborado por: El Autor

Generalmente el valor del margen de atenuación máximo es 25 dB y cómo podemos observar en la tabla 3.2 que la atenuación de 23.14 dB se encuentra por debajo del valor máximo para lo cual la transmisión de los servicios triple play no tendría inconvenientes.

3.5.2. Área de cobertura de la red.

En la figura 3.14 se muestra el área de cobertura de la red de planta externa para el despliegue de la tecnología FTTH en la ciudadela Huancavilca Norte Etapa 1. La central CNT EP de Pascuales proveerá el servicio a la ciudadela cuya capacidad de la red feeder es de 288 hilos. Se tiene una longitud de fibra (ODF) de 40,51 km y la longitud del feeder de 5,44 km.

Tabla 3. 3: Distribución de ocupación de la capacidad de la red Feeder.

BUFFER	HILOS	HILOS OCUPADOS PROYECTO	ELEMENTO	CLIENTES ASIGNADOS
1	1..12	1..9	3294.FT02_MT01	MASIVOS CASAS
2	13..24			MASIVOS CASAS
3	25..36			MASIVOS CASAS
4	37..48			MASIVOS CASAS
5	49..60			MASIVOS CASAS
6	61..72			MASIVOS CASAS
7	73..84			MASIVOS CASAS
8	85..96			MASIVOS CASAS
9	97..108			MASIVOS CASAS
10	109..120			MASIVOS CASAS
11	121..132			MASIVOS EDIFICIOS
12	133..144			MASIVOS EDIFICIOS
13	145..156			MASIVOS EDIFICIOS
14	157..168			CORPORATIVOS
15	169..180			CORPORATIVOS
16	181..192			CORPORATIVOS
17	193..204			CORPORATIVOS
18	205..216			CORPORATIVOS
19	217..228			PARQUE INDUSTRIAL
20	229..240			PARQUE INDUSTRIAL
21	241..252			RADIO BASE
22	253..264			RADIO BASE
23	265..276			RADIO BASE
24	277..288			RADIO BASE

Elaborado por: Autor.

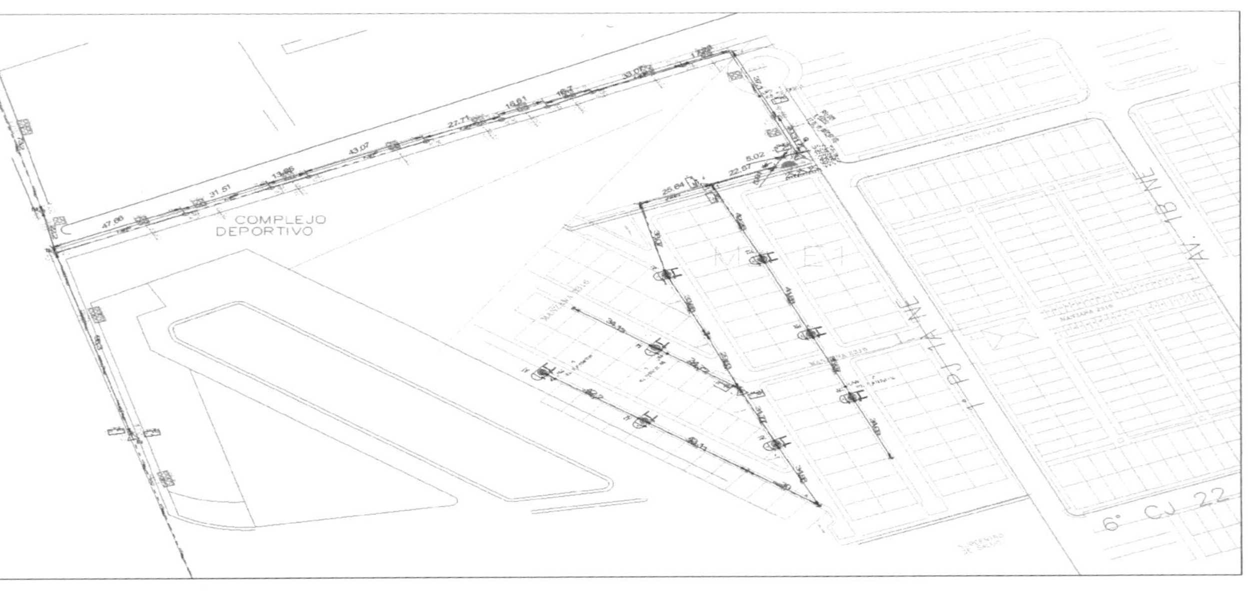

Figura 3. 14: Área de cobertura para instalación de la red de planta externa en ciudadela Huancavilca Norte Etapa 1.
Elaborado por: El Autor

En la tabla 3.3 se muestra la distribución de la ocupación de buffers para diferentes clientes, que son: masivos hogares, masivos edificios, corporativos y otros.

3.6. Presupuesto de la red de planta externa para Huancavilca Norte.

Para la implementación de la red propuesta se realizaron los presupuestos para canalización y para las redes (feeder, distribución y dispersión). En la tabla 3.4 se muestra el presupuesto referencial con un costo total de 11.603,02. La implementación de la red feeder se valora en $ 1.835,10, la red de distribución se valora en $ 8.394,48 y canalización se valora en $ 1.373,44, cuyos valores se muestran en detalle en las tablas 3.5, 3.6 y 3.7, respectivamente.

Tabla 3. 4: Presupuesto referencial de construcción de la red.

DESCRIPCIÓN	COSTO (USD)
Red feeder	1.835,10
Red distribución	8.394,48
Red distribución Interna	0,00
Red Dispersión	0,00
Canalización	1.373,44
TOTAL	**11.603,02**

Elaborado por: Autor.

Para la construcción de planta externa de fibra óptica (feeder, distribución y red interna de edificios y urbanizaciones), CNT EP proveerá la fibra óptica y los elementos pasivos, pero el resto de materiales se utilizarán los "PRECIOS UNITARIOS" que se encuentran vigentes al momento de la suscripción de la orden de obra. El alcance incluye mano de obra calificada, materiales de requerirse, equipos adecuados para la medición y pruebas de la fibra óptica y de recepción de la red construida, personal calificado, implementos de seguridad industrial, herramientas idóneas para la construcción y en general todo lo necesario para que el diseño entregado por CNT EP sea construido a satisfacción.

El material y equipamiento será provisto por parte de la empresa contratista bajo las especificaciones técnicas establecidas por CNT E.P., sólo en los casos que la CNT EP no disponga de este material y equipamiento en stock de bodega. En el caso que CNT EP entregue el material, la contratista deberá retirar el material de acuerdo al "Procedimiento de salida de bienes de las bodegas del proveedor logístico GPON" vigente en CNT EP. En caso de que, luego de finalizada la obra, la contratista tenga material sobrante, debe devolverlo en las bodegas de CNT EP de acuerdo al "Procedimiento para la devolución de bienes a bodegas del proveedor logístico GPON" vigente en CNT EP.

Tabla 3. 5: Presupuesto de volúmenes de obra de la red feeder.

DESCRIPCIÓN	UNIDAD	VALOR	CANTIDAD	SUBTOTAL
PLANOS DE OBRA	m²	$ 34,99	1,00	$ 34,99
FUSIÓN DE 1 HILO DE FIBRA ÓPTICA	U	$ 8,32	15,00	$ 124,80
INSTALACION Y SUMINISTRO DE MANGUERA CORRUGADA DE 3/4"	M	$ 2,24	48,00	$ 107,52
PREPARACION DE PUNTA DE CABLE DE FIBRA OPTICA Y SUJECION DE CABLES DE 144 A 288 HILOS	U	$ 9,72	1,00	$ 9,72
PREPARACION DE PUNTA DE CABLE DE FIBRA OPTICA Y SUJECION DE CABLES DE 6 - 96 HILOS	U	$ 7,06	2,00	$ 14,12
PRUEBA REFLECTOMÉTRICA UNI DIRECCIONAL POR FIBRA EN UNA VENTANA GPON + TRAZA REFLECTOMETRICA	HILO	$ 7,95	12,00	$ 95,40
SUMINISTRO Y COLOCACIÓN DE IDENTIFICADOR ACRILICO DE FIBRA ÓPTICA 8 cm X 4 cm	U	$ 4,93	48,00	$ 236,64
SUMINISTRO Y COLOCACIÓN DE MANGA SUBTERRÁNEA PARA FUSIÓN DE 288 FO, TIPO DOMO (APERTURA Y CIERRE)	U	$ 9,78	1,00	$ 9,78
SUMINISTRO Y COLOCACIÓN DE MANGA SUBTERRÁNEA PORTA SPLITTER DE 288, TIPO DOMO (APERTURA Y CIERRE)	U	$ 9,78	1,00	$ 9,78
SUMINISTRO Y COLOCACIÓN DE PATCH CORD DUPLEX FC/APC-SC/APC de 5 mts. G.652D	U	$ 12,67	3,00	$ 38,01
SUMINISTRO Y COLOCACIÓN DE SPLITTER PLC PARA FUSIÓN (1X32)	U	$ 6,39	3,00	$ 19,17
SUMINISTRO Y COLOCACIÓN DE SUBIDA A POSTE PARA FIBRA ÓPTICA CON TUBO EMT DE 5 M DE 2"	U	$ 66,09	1,00	$ 66,09
SUMINISTRO Y TENDIDO DE CABLE CANALIZADO 12 FIBRAS ÓPTICAS MONOMODO G652.D	m	$ 2,36	453,00	$ 1.069,08
PRESUPUESTO TOTAL				$ 1.835,10

Elaborado por: Autor.

Tabla 3. 6: Presupuesto de volúmenes de obra de la red de distribución.

DESCRIPCIÓN	UNIDAD	VALOR	CANTIDAD	SUBTOTAL
PLANOS DE OBRA	m^2	$ 34,99	1,00	$ 34,99
FUSIÓN DE 1 HILO DE FIBRA ÓPTICA	U	$ 8,32	144,00	$ 1.198,08
FUSION DE HILO DE FIBRA OPTICA CON PIGTAIL	U	$ 14,59	96,00	$ 1.400,64
PREFORMADO HELICOIDAL PARA VANO DE 120M PARA FIBRA ADSS 12,30-12,9mm	U	$ 20,58	8,00	$ 164,64
PREFORMADO HELICOIDAL PARA VANO DE 120M PARA FIBRA ADSS 13,00-13,70mm	U	$ 21,00	16,00	$ 336,00
PREPARACION DE PUNTA DE CABLE DE FIBRA OPTICA Y SUJECION DE CABLES DE 6 - 96 HILOS	U	$ 7,06	6,00	$ 42,36
PRUEBA DE POTENCIA DE 1 HILO DE FIBRA ÓPTICA GPON	HILO	$ 7,69	96,00	$ 738,24
PRUEBA REFLECTOMÉTRICA UNI DIRECCIONAL POR FIBRA EN UNA VENTANA GPON + TRAZA REFLECTOMETRICA	HILO	$ 7,95	96,00	$ 763,20
SANGRADO DE CABLE FIBRA OPTICA ADSS DE 6 - 48	U	$ 9,13	2,00	$ 18,26
SANGRADO DE CABLE FIBRA OPTICA ADSS DE 72-96	U	$ 11,87	5,00	$ 59,35
SUMINISTRO E INSTALACIÓN DE HERRAJES DE RETENSIÓN PARA FIBRA ADSS 1 EXTENSIÓN - 1 EXTENSIÓN (VANO 120M)	U	$ 12,95	6,00	$ 77,70
SUMINISTRO E INSTALACIÓN DE HERRAJES DE RETENSIÓN PARA FIBRA ADSS 1 EXTENSIÓN - 2 EXTENSIONES (VANO 120M)	U	$ 14,13	9,00	$ 127,17
HERRAJE TIPO B (CÓNICO) PARA CABLE DE FIBRA OPTICA ADSS	U	$ 14,40	2,00	$ 28,80
SUMINISTRO Y COLOCACION DE CAJA DE DISTRIBUCIÓN AÉREA DE 12 PUERTOS SC/APC	U	$ 283,41	8,00	$ 2.267,28
SUMINISTRO Y COLOCACIÓN DE IDENTIFICADOR ACRILICO DE FIBRA ÓPTICA 12,5 cm X 6 cm	U	$ 5,90	15,00	$ 88,50
SUMINISTRO Y COLOCACIÓN DE SUBIDA A POSTE PARA FIBRA ÓPTICA CON TUBO EMT DE 5 M DE 2"	U	$ 66,09	1,00	$ 66,09
SUMINISTRO Y TENDIDO DE CABLE AÉREO ADSS DE FIBRA ÓPTICA MONOMODO DE 12 HILOS G.652.D VANO 120 METROS	m	$ 2,63	48,00	$ 126,24
SUMINISTRO Y TENDIDO DE CABLE AÉREO ADSS DE FIBRA ÓPTICA MONOMODO DE 48 HILOS G.652.D VANO 120 METROS	m	$ 4,25	150,00	$ 637,50
SUMINISTRO Y TENDIDO DE CABLE AÉREO ADSS DE FIBRA ÓPTICA MONOMODO DE 96 HILOS G.652.D VANO 120 METROS	m	$ 0,52	422,00	$ 219,44
PRESUPUESTO TOTAL				$ 8.394,48

Elaborado por: Autor.

Tabla 3. 7: Presupuesto de volúmenes de obra de canalización.

DESCRIPCIÓN	UNIDAD	VALOR	CANTIDAD	SUBTOTAL
CORTE DE HORMIGÓN EN ACERA CON DISCO DIAMANTADO (PROFUNDIDAD=4 cm)	m	$ 2,54	11,62	$ 29,51
EXCAVACIÓN DE SUBIDA Y DESALOJO	m	$ 3,88	5,81	$ 22,54
MANGUERA DE SUBIDA A POSTE	m	$ 2,82	6,81	$ 19,20
MONODUCTO (DENTRO DE CANALIZACIÓN)	m	$ 2,15	458,00	$ 984,70
ROTURA Y REPOSICIÓN ACERA	m²	$ 20,63	2,32	$ 47,86
TAPÓN SIMPLE PARA FIBRA ÓPTICA (TAPÓN GUÍA 1 1/4´´)	U	$ 10,37	26,00	$ 269,62
PRESUPUESTO TOTAL				$ 1.373,44

Elaborado por: Autor.

Conclusiones

1. Mediante la descripción de los fundamentos teóricos de los sistemas de comunicaciones ópticas fueron importantes, para conocer la funcionalidad de las redes ópticas pasivas, en especial GPON, y de la tecnología FTTH para la prestación de servicio triple play sobre fibra óptica.

2. El diseño de la red de planta externa fue realizado acorde a las normativas de CNT EP referente a la instalación de redes GPON y del servicio FTHH para transmitir voz, vídeo y datos sobre un único medio de transmisión hasta el usuario o abonado en la Ciudadela Huancavilca Norte Etapa 1.

3. Los cálculos de atenuación para la implementación de la red desde la Central CNT EP Pascuales hasta la Ciudadela Huancavilca Norte Etapa 1 cumplen con los parámetros requeridos de calidad de servicio en sistemas triple play.

Recomendaciones

1. Propuesta de análisis comparativos de calidad de servicio entre FTTH y FTTB en sistemas triple play sobre redes ópticas pasivas de capacidad Gigabit.

2. Propuesta de análisis del rendimiento del servicio triple play en redes GPON - FTTH utilizando herramientas de simulación tales como, Simulink, Opnet u OptiSystem.

Bibliografia

Al-Quzwini, M. (2014). Design and Implementation of a Fiber to the Home FTTH Access Network based on GPON. *International Journal of Computer Applications*, *92*(6), 975–8887.

Farmer, J., Lane, B., Bourg, K., & Wang, W. (2016). *FTTx Networks: Technology Implementation and Operation*. Morgan Kaufmann.

Gemtek. (2009). GPON Indoor WiFi IAD With 4-GE ports/2-VoIP/WiFi. Recuperado el 11 de diciembre de 2016, a partir de http://www.gemtek.com.tw/pro_grtl_106.html

Hazra, D., Manasa, V., & Singla, P. (2013). Performance analysis of 125 Gbps Downstream transmission of GPON-FTTX. *International Journal of Scientific & Engineering Research*, *4*(3), 1–7.

Hoyos M., A. (2016). *Estudio y diseño de una red LR-PON de alta disponibilidad empleando conmutación óptica y enlaces redundantes* (Thesis). PUCE. Recuperado a partir de http://repositorio.puce.edu.ec/handle/22000/12481

Kothari, C., & Garg, G. (2014). *Research methodology: methods and techniques* (3ra ed.). New Age International.

Kumar, A., & Singhal, A. (2013). Simulative performance evaluation of GPON and WDMPON. *International Journal of Latest Research in Science and Technology*, *2*(5), 58–61.

Lattanzi, M., & Graf, A. (2016). Redes FTTx: Conceptos y Aplicaciones.

León A., L. (2015). Análisis y diseño de la red Ftth con tecnología Gpon para el Isp Troncalnet en el cantón Caña. *Pontificia Universidad Católica del Ecuador*. Recuperado a partir de http://repositorio.puce.edu.ec/handle/22000/9204

Norouzi, A., Zaim, A. H., & Ustundag, B. B. (2011). An integrated survey in Optical Networks: Concepts, components and problems. *International Journal of Computer Science and Network Security*, *11*(1), 10–26.

Rajalakshmi, S. (2016). Comparative Study of 32 channel PON and WDM-PON using 10G for extended reach. *International Journal of Emerging Trends in Engineering and Development*, *4*(6), 158–167.

Samberg, L. (2016). Passive Optical Network. Recuperado el 14 de diciembre de 2016, a partir de https://wiki.mef.net/display/CESG/Passive+Optical+Network

Sumanpreet, & Dewra, S. (2015). Performance Analysis of Gigabit Passive Optical Network Using 2Gbit/Sec Downstream Transmission. *International Journal of Advanced Research in Electrical, Electronics and Instrumentation Energy*. Recuperado a partir de http://www.rroij.com/abstract/performance-analysis-of-gigabit-passiveoptical-network-using-2gbitsec-downstreamtransmission-43244.html

Printed by Books on Demand GmbH, Norderstedt / Germany